大自然的礼物

小知了 / 著

文化发展出版社
Cultural Development Press

蔚蓝的大海,
翻滚的波浪就像在跳舞一样,
大海是鱼儿们的泳池,
是海鸟的游乐场。

海水给了我们盐。
吃起来咸咸的盐，
是大海送给我们的礼物。

① 用水车将海水引到海盐田。

② 用阳光把蓄在海盐田里的海水晒干。

③ 如果形成白色结晶体的话，就用耙子把它们聚集在一起。

④ 等水分再蒸发掉一点儿，就可以装在推车里把它们送到海盐仓库里。

⑤ 等水分全部蒸发完，就是海盐啦！

啊，真的好咸！

⑥ 盐是做饭必不可少的东西。腌咸菜时，做酱油或酱料时，做豆腐时，做烤鱼时……

闪闪发亮的宽阔沙滩，
沙子发出沙沙沙的响声。
沙滩是螃蟹的运动场，
是贝壳们休憩时的床垫。

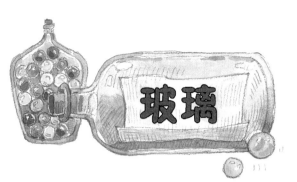
玻璃

沙子给了我们玻璃。
清澈透明又散发着光芒的玻璃，
是沙子送给我们的礼物。

① 将沙子和各种化学药品混在一起。

② 把混着化学药品的沙子放进烧得很烫的火里，熔化掉就变成玻璃水。

③ 把玻璃水拿出来制成想要的模样，如果吹入空气……

④ 等待冷却后，就是玻璃瓶啦！

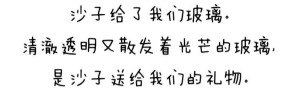

⑤ 如果将玻璃水平整地摊开来可以变成窗户的玻璃，如果放入模具，等冷却后可以变成玻璃杯，或者漂亮的玻璃装饰品。

米饭和米糕

稻子给了我们米饭和米糕。
又糯又香甜的米饭和米糕，
是稻子送给我们的礼物。

① 拍打稻穗就会掉落很多的稻粒。

② 将稻粒倒入剥壳机里就会变成白色的米粒。

④ 大米不单单只是用来做饭，把米浸泡在水里。

⑤ 磨成米粉。

⑥ 把磨好的米粉放在蒸笼里，就变成米糕啦！

③ 把米粒洗干净放入锅里加水煮熟，就是米饭啦！

⑦ 长长的是条糕，塞着甜甜豆沙馅的是松饼，五颜六色的是彩虹米糕。

翩翩起舞的黄色稻田里，
长满了成排成排的稻子。
稻田是蚂蚱们喜欢的大饭桌，
是青蛙们的摇摇床。

豆腐

豆子给了我们豆腐。
香喷喷的豆腐，
是豆子送给我们的礼物。

① 把豆子浸泡在水里，然后磨成浆。

② 把磨成浆的豆子放到麻布袋里过滤。

③ 将过滤好的豆浆煮两次。

④ 在豆浆里点入卤水，让豆浆凝固。

⑤ 将点好的豆浆盛入压制豆腐的容器中，把水沥干。

⑥ 然后打开就是豆腐啦！

⑦ 豆腐也可以拿来煎或者放在汤里。磨好煮熟是豆浆，刚凝固的豆浆是嫩豆腐，过滤后剩下的东西是豆渣，豆渣煮熟吃的话真的非常香！

花花绿绿的豆田里，
长满了跳舞的豆荚。
豆荚里长着一排豆子，
豆子是鸟儿们的美餐，
豆荚是幼虫们成长的摇篮。

沙沙响的白色棉花地，长满了蓬松的棉花。
棉花地是虫子们聚会的游乐园，
是虫子们娱乐的弹簧椅。

衣服

棉花给了我们衣服。
蓬松又温暖的衣服，
是棉花送给我们的礼物。

❶ 摘下棉花的果实。

❷ 从棉花果实里取出棉花做成棉花球。

❸ 把棉花球纺成又细又长的棉线。

❹ 把棉线放入织布的机器里，就织出纵横交错的布料了。

❺ 把布料放进染料里染成喜欢的颜色。

❻ 在布料上画出衣服的模样，然后裁剪。

❼ 将裁剪出来的布料放在缝纫机上缝起来，就是我们的衣服啦！

❽ 从棉花里获得的布料可以做成各种各样的衣服。柔软温暖的内衣，短裙、长裤、时髦的上衣，真漂亮。

黏糊糊的黑地里，装满了黏黏的黑泥土。
泥土是动物们温暖的被子，
是草和树木生长的养分。

各式各样的漂亮陶器，
是泥土送给我们的礼物。

① 将黏黏的泥土使劲儿揉，
然后搓成泥条。

② 把泥条放在转轮的底部，
边转动边将泥条一圈一圈
地绕起来。

③ 边转动边加高，
然后做成想要的
陶器外形。

④ 将陶器晾干后涂上釉。

⑤ 放入窑里用大火烧制。

⑥ 出炉后就是我们的陶器啦！

⑦ 来看看各种各样的陶器：很大的酱坛子、
盛水的罐子、酒坛子、尿壶，
以及花瓶、油瓶……

星星点点的牧场，到处都是哞哞叫的奶牛们。
奶牛的乳房耷拉着在肚子上晃动，
乳房会挤出牛奶，
牛奶是小奶牛们的美餐。

奶酪

奶牛给了我们奶酪。
在嘴里慢慢融化的奶酪，
是奶牛送给我们的礼物。

④ 用模具把它压紧压实，
做成形状。

③ 然后放入麻布袋里
挤压出水分。

⑤ 然后就形成奶酪啦！

② 在牛奶里加入醋，
使其凝固。

① 从奶牛的乳房里
挤出牛奶。

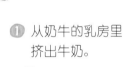

⑥ 牛奶不光可以做成奶酪，还可以做成很多其他东西。
去掉水分后做成奶粉，柔软的奶油、
硬硬的黄油、酸溜溜的酸奶、冰凉的冰激凌。

纸

树木给了我们纸张。
平整光滑的纸张，
是树木送给我们的礼物。

3 在木块里倒入药水然后蒸煮，
使木块溶化。

4 不断地搅拌溶化掉的木浆，
经过多次的过滤，倒入药水
使其变白。

2 去掉树木的外皮，切成小碎块。

5 然后倒入制作纸张的机器里，
再稀释然后去掉水分烘干。

7 纸张可以做成各种各样的东西：
包装纸、台历、贴在墙上的墙纸、
传递世界消息的报纸、各种好看的故事书等。

6 就变成我们的纸张啦！

1 砍掉森林里的树木。

茂密的森林里，
到处都是摇曳着树枝的树木。
树木是虫子们经常去的果汁店，
是小动物们聚集在一起生活的公寓。

纸张还可以成为绘本，
藏有各种各样有趣故事的书，
我们看着书长大，
树木给我们的真正礼物是书！

大自然给予我们各种各样的礼物。
我们要送给大自然什么样的礼物呢？

图书在版编目（CIP）数据

大自然的礼物 / 小知了著. -- 北京：文化发展出
版社有限公司, 2017.7 （2024.12 重印）
ISBN 978-7-5142-1833-6

Ⅰ.①大… Ⅱ.①小… Ⅲ.①自然科学－儿童读物
Ⅳ.①N49

中国版本图书馆CIP数据核字(2017)第137348号

大自然的礼物

小知了 / 著

责任编辑	肖润征
版式设计	曹雨锋
责任校对	岳智勇
责任印制	杨　骏
网　　址	www.wenhuafazhan.com
出版发行	文化发展出版社（北京市海淀区翠微路2号）
经　　销	全国各地新华书店
印　　刷	北京利丰雅高长城印刷有限公司
版　　次	2017年9月第1版　　2024年12月第12次印刷
开　　本	16开
印　　张	2.75
ＩＳＢＮ	978-7-5142-1833-6
定　　价	35.00元

如发现印装质量问题请与我社联系，发行部电话：010-88275605